# CHEGA DE PLÁSTICO

# CHEGA DE PLÁSTICO

101 maneiras de se livrar do plástico e salvar o planeta

SEXTANTE

Título original: *F\*\*k Plastic*

Copyright © 2018 por The Orion Publishing Group Ltd
Copyright da tradução © 2019 por GMT Editores Ltda.

Publicado originalmente por Seven Dials,
um selo de The Orion Publishing Group, Londres

Todos os direitos reservados. Nenhuma parte deste livro pode ser utilizada ou reproduzida sob quaisquer meios existentes sem autorização por escrito dos editores.

TRADUÇÃO: Ângelo Lessa
PREPARO DE ORIGINAIS: Renata Dib
REVISÃO: Juliana Souza e Rafaella Lemos
DIAGRAMAÇÃO: DTPhoenix Editorial
CAPA: Renata Vidal
IMAGEM DE CAPA: Lebedeva Alena/Shutterstock
IMPRESSÃO E ACABAMENTO: Associação Religiosa Imprensa da Fé

CIP-BRASIL. CATALOGAÇÃO NA PUBLICAÇÃO
SINDICATO NACIONAL DOS EDITORES DE LIVROS, RJ

O78c   The Orion Publishing Group
Chega de plástico/ The Orion Publishing Group; tradução de Ângelo Lessa. Rio de Janeiro: Sextante, 2019.
128 p.: il.; 12 x 18 cm.

Tradução de: F\*\*k plastic
Inclui bibliografia
ISBN 978-85-431-0689-2

1. Sustentabilidade. 2. Proteção ambiental - Participação do cidadão. 3. Plásticos. I. Lessa, Ângelo. II. Título

18-54026

CDD: 363.7
CDU: 502.1

Todos os direitos reservados, no Brasil, por
GMT Editores Ltda.
Rua Voluntários da Pátria, 45 – Gr. 1.404 – Botafogo
22270-000 – Rio de Janeiro – RJ
Tel.: (21) 2538-4100 – Fax: (21) 2286-9244
E-mail: atendimento@sextante.com.br
www.sextante.com.br

# SUMÁRIO

| | |
|---|---|
| Introdução | 7 |

*As 101 maneiras:*
**Comida e bebida** ............ 15
**Pela casa** ............ 49
**Estilo de vida** ............ 79
**Salvando o mundo** ............ 113

Referências ............ 127

# INTRODUÇÃO

## Plástico: qual é o problema?

O plástico continua sendo uma grande invenção. Está presente na composição de objetos como seringas, próteses de quadril, capacetes de proteção, laptops, celulares, automóveis, etc. Vamos ser sinceros: não há a menor chance de ele desaparecer da nossa vida. E o grande problema é justamente este: a infinidade de objetos descartáveis de plástico que adquirimos todos os dias sem perceber também não vai desaparecer. Uma sacola plástica é utilizada, em média, durante 15 minutos,[1] mas ainda estará no planeta por um período que pode variar entre 100 e 300 anos. A garrafa de água que você comprou no almoço pode durar 450 anos.

A maioria dos plásticos é reciclável, mas muitas usinas de reciclagem não conseguem dar conta do volume de material plástico que consumimos a cada ano, e em certos casos a quantidade de energia necessária para reciclar um produto é tão grande que faz com que a própria reciclagem seja em vão. Isso significa que grande quantidade do plástico que jogamos na lixeira de recicláveis vai parar, junto com o que já é deixado em lixeiras comuns, em aterros sanitários.

É claro que isso não é o ideal (lembra do filme *WALL-E*?), mas, além disso, anualmente, a gigantesca quantidade de 8 milhões de toneladas de plástico vai parar nos nossos oceanos.[2] Um terço desse número é composto por objetos que caem de navios ou são perdidos no mar; os cerca de 5 milhões restantes provêm do lixo jogado nas praias; de objetos descartados em cidades grandes ou pequenas e que vão parar nos rios e esgotos; de vazamentos industriais; de mau gerenciamento de aterros sanitários e lixeiras perto da costa; e de coisas jogadas no vaso sanitário. A soma de tudo isso resulta na quantidade de partículas microscópicas de plástico que existe nos oceanos hoje em dia:

## 51 trilhões

O número é tão descomunal que não é fácil sequer compreender sua magnitude. É 500 vezes o número de estrelas na galáxia.[3] E isso é um problema por muitos motivos. Um deles é que ninguém quer ir à praia nadar no meio do lixo nem passear numa areia imunda. A razão mais importante, porém, é que isso pode ser mortal para a vida selvagem – peixes, golfinhos, aves marinhas e focas podem acabar ingerindo ou ficando presos em plástico. Especialistas estimam que, até 2050, 99% das aves marinhas terão plástico dentro do estômago.[4]

Isso também nos afeta diretamente. Mais de 30% dos peixes destinados ao consumo humano ingeriram plástico. Portanto, se você come peixe, pode estar ingerindo aquilo que descarta.[5] Os cientistas ainda estão pesquisando até que ponto isso é prejudicial para nós. Mas pelo fato de o plástico absorver substâncias químicas relacionadas a distúrbios endocrinológicos (hormonais) e até alguns tipos de câncer, a realidade parece bem sombria.[6]

## É possível retirar todo o plástico espalhado pelos oceanos?

Só 1% da poluição plástica flutua na superfície do mar – a grande maioria se transforma em partículas microscópicas. Por isso, mesmo que conseguíssemos fazer com que todos os países financiassem uma limpeza geral dos oceanos, seria quase impossível concluir essa tarefa – isso para não mencionar a seguinte questão: mesmo que conseguíssemos tirar todo o plástico do mar, onde o colocaríamos? Onde caberiam esses 8 milhões de toneladas que despejamos no mar todos os anos sem nos dar conta?

## Então, o que podemos fazer?

Ainda bem que você perguntou! Precisamos parar com a poluição plástica agora, para que ela não piore. Nos últimos anos os debates sobre o plástico têm recebido cada vez mais atenção. Devemos fazer com que esse movimento continue até que sejam encontradas alternativas a todos os objetos de plástico descartáveis e eles sejam banidos de vez da nossa vida. Iniciativas incríveis têm surgido no mundo todo para mostrar que estamos caminhando nessa direção. Eis algumas delas:

👊 Muitos países estão tentando banir o plástico: a França proibiu o uso de copos, pratos e talheres de plástico em 2016; a Escócia fez o mesmo com os cotonetes; o estado indiano de Karnataka proibiu o uso de plástico em todo o território; e alguns países, como Taiwan, simplesmente baniram todo e qualquer tipo de plástico descartável.

👊 Em 2018, o Rio de Janeiro se tornou a primeira capital brasileira a proibir o uso de canudos plásticos em quiosques, bares e restaurantes. É permitido o fornecimento de canudos de material biodegradável aos clientes.

👊 Diversos lugares, como o Marrocos, o território da Tasmânia, a França e alguns estados norte-americanos, proibiram o uso de sacolas de plástico ou passaram a cobrar por elas. No Reino Unido, só no primeiro ano, essa medida fez com que 6 bilhões de sacolas deixassem de ser produzidas – uma queda de 83%.

👊 Um grande número de empresas e instituições se comprometeu a parar de utilizar plásticos descartáveis – até 2020 a BBC planeja aderir a essa medida, que já está em vigor nos departamentos do governo do Reino Unido. Algumas marcas também assumiram esse compromisso.

A Evian se comprometeu a usar garrafas recicladas até 2025, e a Coca-Cola tem planos de coletar e reciclar todas as suas embalagens até 2030.

👊 Os supermercados também estão entrando nesse jogo. As filiais de Amsterdã da rede Ekoplaza de supermercados foram as primeiras a montar um corredor com produtos completamente livres de plástico; a Iceland foi a primeira rede de supermercados do Reino Unido a se comprometer a não utilizar plástico nos produtos de fabricação própria até 2023, e outras redes comunicaram que tomarão medidas semelhantes.

👊 Austrália, Alemanha, Finlândia e outros países adotaram um sistema de depósito reembolsável para garrafas plásticas. Na prática, você paga uma pequena quantia por uma garrafa, mas recupera o valor se devolvê-la.

👊 Os cientistas estão pesquisando formas de criar uma alternativa biodegradável ao plástico. O material teria a mesma durabilidade, mas não seria prejudicial aos oceanos nem duraria séculos. Uma solução que vem sendo desenvolvida utiliza a caseína – uma proteína encontrada no leite – para criar um material similar ao poliestireno que possa ser utilizado para embalar produtos.

E há muito mais que VOCÊ também pode fazer:

- **Cate o lixo.** Se você mora no litoral, entre no espírito comunitário e participe de um mutirão de limpeza da praia – procure um perto de casa ou busque dicas sobre formas de organizar sua própria equipe de limpeza com ONGs e instituições. Se não mora no litoral, não tem problema. Se encontrar lixo às margens das ruas e estradas, cate-o – não deixe que ele desça pelo bueiro ou vá parar num rio.

- **Tenha voz ativa.** Informe as empresas que encontrou lixo fabricado por elas em locais inadequados. Caso se depare com uma garrafa plástica na praia, tire uma foto, publique nas redes sociais e marque as empresas.[7] E, se possível, envie o produto de volta para elas com tarifa paga pelo destinatário!

- **Cobre dos legisladores.** Os governos enfim estão começando a perceber a importância do assunto – mas não os deixe esquecer! Use o e-mail ou as redes sociais para pressioná-los e garantir que deem prioridade ao tema.

- **E o jeito mais fácil de todos? Leia este livro!** Aqui tem 101 ideias que vão ajudar você, seus amigos, familiares, colegas de trabalho, a pessoa ao seu lado no ônibus e todo mundo que encontrar pelo caminho a mudar de hábitos até não sermos mais tão dependentes do plástico. Então coloque essas sugestões em prática e divulgue-as o máximo que puder, pessoalmente ou pela internet, sempre com a hashtag #chegadeplástico.

Juntos nós PODEMOS fazer a diferença!

# COMIDA
---
# E
---
# BEBIDA

# 1. Compre produtos frescos, e não congelados

Uma grande vantagem dos produtos congelados é a validade muito maior que a dos produtos frescos, que muitas vezes acabam apodrecendo e precisam ir para o lixo – um desperdício completo. O problema é que a maioria das verduras e frutas congeladas é vendida em embalagens plásticas. Mas você mesmo pode congelar seus alimentos – basta comprá-los frescos e congelá-los em recipientes reutilizáveis quando chegar em casa. Fácil, fácil!

# 2. Embalagem de cera de abelha

Afinal, quem gosta de filme de PVC? Pelo menos uma vez na vida, todo mundo já perdeu um tempão tentando encontrar a pontinha quando ele se embolou no rolo. Então, aqui está uma alternativa: embalagem de cera de abelha. Talvez pareça meio natureba, mas essas embalagens não só são biodegradáveis como podem ser reutilizadas por até um ano.

## 3. Tenha um molho para chamar de seu

Você gosta de sushi? E de molho shoyu para acompanhar? O problema é que, quando você compra comida japonesa para comer em casa ou pede para entregarem, há grandes chances de o molho vir numa pequena garrafinha plástica ou em sachês. Evite-os! Compre seu próprio molho e guarde-o na cozinha, deixe-o no trabalho ou, se for muito viciado, leve-o na bolsa ou na mochila. Quanto maior a garrafa que comprar, menos embalagens de plástico usará.

# 4. Invista na sua marmita

Quanto mais bonita for a sua marmita, mais você vai querer usá-la e se lembrar de ir buscá-la na cozinha do escritório antes de ir para casa. Isso é FATO. Portanto, dê a si mesmo este presente: compre uma marmita de alta qualidade com interior feito de aço inox e grave suas iniciais nela (aliás, também é uma ótima opção de presente sem plástico para pessoas que pensam como você).

## 5. Leve sua garrafa

Esta dica você já conhece, mas mesmo assim é impressionante o número de garrafas plásticas, de água ou outras bebidas, fabricadas e compradas todos os anos. Estima-se que 1 milhão de garrafas plásticas sejam compradas no mundo todo a cada minuto.[8] Não é que elas não sejam recicláveis – a maioria é –, mas, com um número exorbitante como esse, não há esforço de reciclagem que dê conta. A solução é simples: compre uma garrafa estilosa e de qualidade que seja reutilizável, deixe-a na mochila ou na bolsa o tempo todo e abasteça-a em bebedouros ou filtros ao longo do dia.

# 6. Quando comprar sorvete, peça na casquinha

Todo mundo conhece alguém que, em vez de pedir sorvete na casquinha, prefere o copinho acompanhado da colher de plástico. Claro que nem todos gostam da casquinha de *wafer* (se este é o seu caso, você é meio esquisito, mas não estamos aqui para julgar). Porém se você NÃO gosta da casquinha e ninguém ao seu redor vai querer comê-la quando o sorvete acabar, por mais que o desperdício de comida também seja uma praga, pelo menos ela é biodegradável.

# 7. Seja seletivo com o queijo

Para quem não é vegano, queijo pode ser um assunto sério. Mas como fugir do fato de que ele costuma vir embalado em plástico? Temos algumas sugestões. Primeiro, veja se há um fabricante local de queijos perto da sua casa. Ao comprar direto do fabricante, além de provavelmente evitar a embalagem de plástico, você também reduzirá o caminho percorrido até a fonte do produto (além de ganhar uns pontinhos a mais por apoiar o comércio local). Segundo, se não houver um fabricante por perto ou se você achar que o preço não compensa, leve um recipiente até o balcão de frios no supermercado e peça ao atendente que coloque o queijo ali dentro. Terceiro, alguns queijos têm embalagens que não contêm plástico: alguns queijos artesanais inteiros são embalados em folhas de papel e existem marcas que usam caixas de papelão (mas procure saber se, mesmo dentro da caixa, o queijo não vem embalado em plástico).

# 8. Café na caneca

Aqueles copões de café para viagem são a coisa mais sem graça do mundo, não acha? É muito melhor usar algo que reflita sua personalidade e não faça os outros pensarem que você apoia grandes corporações. Além disso, muitas cafeterias vão agradecer se você levar sua caneca – e talvez até lhe ofereçam um desconto por causa disso.

P.S. 1: Algumas cafeterias (e até alguns países) já estão conscientes da pandemia do plástico e têm usado copos biodegradáveis feitos de material reciclado 🐾. Ainda assim, é melhor evitar copos descartáveis sempre que puder.

P.S. 2: Se estiver desesperado por uma bebida quente e tiver esquecido a caneca, pelo menos peça para não colocarem a tampa de plástico e ande com mais cuidado. Qualquer atitude, por menor que seja, já ajuda.

# 9. Compre na padaria, na feira, na peixaria e no açougue

Os chefes de cozinha que apresentam programas de TV vivem dizendo que devemos fazer isso, mas até que ponto essa medida é prática? A verdade é que talvez não seja tão conveniente quanto comprar tudo em um só lugar, mas uma grande vantagem é que, em geral, sai mais barato, os alimentos costumam ter mais qualidade e sabor e você se sente bem por apoiar um pequeno negócio. Claro que esses comerciantes ainda podem oferecer embalagens de plástico, portanto procure levar bolsas e recipientes reutilizáveis e peça ao atendente que evite as embalagens descartáveis. Como alternativa, pelo menos leve seus potes e sacolas quando fizer compras no supermercado.

# 10. Ande com uma ecobag

Muitos países já cobram pelas sacolas plásticas, e isso vem fazendo uma enorme diferença no número de sacolas produzido todos os anos. Mas é possível reduzi-lo ainda mais. As sacolas plásticas continuam disponíveis e é muito comum que as pessoas saiam do trabalho, decidam fazer compras e percebam que não têm onde carregar as coisas. A solução é manter uma estilosa ecobag que você pode dobrar para guardar na bolsa, na mochila ou no bolso da calça. Elas são vendidas em muitas lojas de departamento e supermercados, mas também é possível comprá-las na internet – basta buscar "ecobag dobrável" (ou, em vez de ecobag, sacola ou bolsa ecológica).

## 11. Faça compras em mercados com desperdício zero

Nem todo mundo tem uma mercearia com o conceito de desperdício zero na esquina de casa, mas elas vêm se tornando cada vez mais comuns, por isso é bom ficar de olho. Nos mercados com desperdício zero, você coloca tudo que vai comprar nos recipientes que leva de casa, podendo, com isso, abrir mão de qualquer embalagem, plástica ou não, onde arroz, massas e produtos do tipo costumam ser armazenados.

No Brasil, existem diversos estabelecimentos que vendem produtos a granel e que podem ser uma ótima opção. Em geral, eles colocam os itens em sacolas de plástico transparente, mas pergunte se você pode levar suas embalagens e sacolas reutilizáveis e, assim, evitar as descartáveis. Daí é só se planejar antes de fazer suas compras.

## 12. Procure os corredores de produtos livres de plástico

Alguns supermercados ao redor do mundo estão destacando corredores inteiros que reúnem apenas produtos próprios livres de plástico. O Ekoplaza de Amsterdã foi o primeiro a colocar um corredor assim em funcionamento, e a Iceland, grande cadeia de supermercados do Reino Unido, foi a primeira a se comprometer a eliminar o uso do plástico nos produtos de fabricação própria até 2023.

# 13. Cultive seus temperos

Plantar ervas como manjericão, hortelã, coentro e salsa é a coisa mais fácil do mundo. Com isso, você evita ter que comprá-las em embalagens plásticas ou naqueles saquinhos plásticos de ervas secas, o que, além de tudo, vai pesar menos no seu bolso a longo prazo. Para cultivá-las, basta ter um jardim, uma sacada ou um parapeito que receba bastante luz solar; um vaso; um pouco de adubo; e memória suficiente para se lembrar de regar as plantas. Você pode adquirir as sementes em supermercados, lojas de produtos naturais ou até mesmo lojas virtuais. Se cuidar bem das suas ervas, elas lhe darão retorno por muito tempo.

## 14. Cultive sua salada

Já que está segurando a pá de jardineiro (brincadeira, você nem precisa ter uma), programe-se para cultivar outro alimento muito fácil de plantar: alface. É só ter uma jardineira, adubo, sementes e água. Coloque a jardineira num lugar que receba bastante luz solar, seja dentro ou fora de casa. Em duas semanas você já deve ver alguns brotos, e quando as folhas estiverem mais ou menos com 8 centímetros será possível cortá-las para consumo sempre que quiser. Como por milagre, elas voltarão a crescer, e você poderá continuar cortando (mas isso não é mágica, em algum momento a folha vai parar de crescer. Então, basta trocar o adubo e replantar as sementes.) Os benefícios de só "colher" quando for comer é que você não vai ter aquelas folhas de alface úmidas e molengas no fundo da geladeira e ao mesmo tempo vai poupar dinheiro.

# 15. Troque as batatas chips pelo croissant

---

É sério! Claro que todos nós sabemos que o melhor para a saúde é evitar tanto o croissant quanto a batata frita, mas, se você já vai comer besteira de qualquer forma, escolha um produto de padaria que venha sem embalagem, em vez de um pacote de biscoitos ou batatas chips. Estes últimos muitas vezes são vendidos dentro de uma embalagem de filme plástico metalizado, que em tese pode ser reciclado, mas na prática, devido ao custo do processo, muitas vezes não é. Por outro lado, os produtos de padaria estão liberados 👍.

# 16. Passe a comprar chá a granel

Alguns sachês de chá de marcas mais conhecidas usam polipropileno – um tipo de plástico – para vedar os sachês. Isso é um problema, considerando que, só no Reino Unido, são consumidas 165 milhões de xícaras de chá por dia, e estima-se que 96% desse total seja feito com chá em saquinhos.[9] Além disso, talvez você não tenha reparado, mas a caixa de papel onde ficam os sachês às vezes tem um invólucro de plástico. Muitos fabricantes já estão trabalhando para eliminar o plástico de seus produtos, mas, nesse meio-tempo, opte por aqueles que não usem polipropileno. Ou passe a comprar chá a granel, evite as embalagens de plástico e sinta-se bem com isso.

# 17. Escolha frutas, legumes e verduras não embalados

Não compre aquelas embalagens de dois abacates, três pimentões ou aquele brócolis envolvido em filme plástico. Evite sobretudo aquelas frutas já cortadas que são vendidas embrulhadas em duas camadas de filme plástico nos supermercados. Em vez disso, compre vegetais que não venham embalados e, se puder, faça as compras em lugares que não utilizam rótulos adesivos.

# 18. Leve bolsas de tecido ao hortifrúti

---

Evite a tentação de armazenar as frutas e os vegetais nos sacos plásticos oferecidos pelo mercado. A essa altura, você deve ter um monte de bolsas reutilizáveis em casa. Portanto, se vai comprar batata, couve, maçã ou qualquer outra hortaliça, leve uma ecobag (limpa!) para carregá-las até o caixa. Então pese-as, pague e leve tudo para casa.

## 19. Leve comida de casa

Se você trabalha ou estuda fora e precisa comer rápido, deve conhecer muito bem a tentação de almoçar ou lanchar na rua em vez de cozinhar a própria comida na noite anterior. Sim, preparar tudo em casa é muito trabalhoso, mas dessa forma você não só evita os sanduíches ou potes de salada embalados em plástico, como também acaba poupando dinheiro. Algumas estimativas sugerem que, no Reino Unido, os trabalhadores gastam cerca de 2.500 libras (ou 3.337 dólares) por ano com almoço.[10] E quem gosta de comer aquela casca seca do pão de fôrma ou de pagar caro por uma simples salada, não é mesmo? Então, invista num bom livro de ideias para marmitas para se motivar ou busque "dicas de marmitas saudáveis" na internet e se inspire.

# 20. Corte você as suas frutas

Apresentamos-lhe a faca. Revolucionário, não? Hoje em dia você encontra melão, melancia, abacaxi e muitas outras frutas já cortadas à venda em bandejas de plástico ou isopor e protegidas por filme plástico. Sabemos que é conveniente adquiri-las assim, mas, ao comprar a fruta sem embalagem, você pode cortá-la com as próprias mãos, evitar todo aquele material descartável e ainda sentir orgulho dessa atitude.

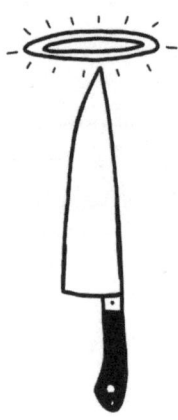

## 21. Faça suco, não faça guerra

---

Não é só a tampa da caixa de suco que é feita de plástico; muitas caixas têm até 20% de polietileno em sua composição.[11] Isso não significa que não sejam recicláveis – elas são –, o problema é que, assim como as garrafas de plástico, muitas vezes não há recursos ou capacidade para reciclar todas elas. Mas se você não consegue viver sem suco, evite os conservantes e o açúcar que podem estar escondidos no produto comprado pronto no mercado, invista em uma boa centrífuga e vá espremer umas laranjas!

## 22. Coma no restaurante em vez de pedir comida em casa

Se o restaurante onde você mais gosta de pedir comida usa sachês, sacolas e potes plásticos, talvez seja hora de pensar em sair do sofá e se dar ao luxo de comer no próprio restaurante (ou você pode fazer o jantar, mas, convenhamos, tem horas em que simplesmente não estamos a fim). Se for buscar a refeição em vez de pedir para o restaurante entregar em casa, leve seus recipientes e pergunte se fariam o favor de colocar a comida neles.

## 23. Traga o leiteiro de volta

Em 2016, só 3% do leite produzido no Reino Unido foi parar em garrafas de vidro retornáveis. Porém, por mais retrô que possa parecer, essa tendência vem crescendo. Há relatos de que hoje são entregues diariamente cerca de 200 mil garrafas a mais em comparação a alguns anos atrás.[12] Procure na internet se há um serviço semelhante perto da sua casa. O leite é mais caro do que o vendido no supermercado, mas você tem a conveniência de recebê-lo mais fresco e na porta de casa, além de ser um negócio em extinção, ao contrário dos supermercados. E se o apoio ao leiteiro crescer o suficiente, quem sabe a concorrência não faz os preços baixarem?

## 24. Aperitivos em potes de vidro

Quem não é louco por azeitona, tomate seco, pastinhas e outros itens que formam uma bela tábua de antepastos? Todo mundo adora beliscar um aperitivo, mas evite escolher os que ficam expostos na seção refrigerada do supermercado, pois eles quase sempre são vendidos em embalagens plásticas. Procure os comercializados em potes de vidro. Não são tão diferentes e, em geral, são mais baratos e duram mais.

## 25. Faça você mesmo

Sabia que é moleza fazer seu próprio ketchup? É tão saboroso quanto o vendido em supermercados e provavelmente terá menos sal e açúcar. Em vez de comprar homus ou molhos no mercado, você também pode tentar fazer em casa. Garantimos que vão ficar mais gostosos e saudáveis do que os industrializados e não levará mais de 15 minutos para preparar. Outra substituição mais fácil ainda é a das pastinhas prontas para sanduíche. Quer uma receita? Cozinhe alguns ovos, amasse-os com maionese, tempere e pronto!

## 26. Diga adeus ao chiclete

Adivinhe quantos chicletes são fabricados no mundo por ano.

Se você respondeu 1,74 trilhão,[13] acertou em cheio. Agora adivinhe qual é a principal matéria-prima do chiclete. Isso mesmo: um tipo de plástico. Prefira as pastilhas de hortelã.

## 27. Compre a lata, não a garrafa

Sempre é preferível evitar comprar os produtos tanto em lata quanto em embalagens plásticas, pois ambos os materiais consomem energia e recursos naturais em excesso. O ideal é usar a boa e velha embalagem reutilizável. Mas se estiver com muita vontade de beber um refrigerante, opte pela lata. O alumínio é o material mais reciclado do planeta – cerca de 70% das latas são feitas de alumínio reciclado atualmente, e cada uma delas gasta aproximadamente 8% da energia necessária para fazer uma lata novinha em folha. Além disso, se por acaso as latinhas forem parar em um aterro, e não numa lixeira de produtos recicláveis, elas não vão contaminar o solo com substâncias químicas nocivas.[14] As garrafas plásticas, por outro lado, LIBERAM tais substâncias, e só metade delas acaba sendo reciclada.[15]

## 28. Evite os packs

Talvez saia um pouquinho mais caro, mas é melhor evitar pacotes com várias unidades de um produto ou os packs de latinhas de refrigerante ou cerveja embalados com plástico. As latas vendidas em unidade estão logo ali nas prateleiras, sentindo-se solitárias, loucas para serem escolhidas. Faça o dia delas feliz.

## 29. Ande com seus talheres

Não estamos dizendo que você deve tirar o garfo e a faca do bolso do casaco ou da bolsa toda vez que for ao restaurante ou à casa de um amigo. Isso seria falta de educação. A dica se aplica mais caso precise comprar o almoço na rua para comer em outro lugar ou se for a uma lanchonete que só ofereça talheres de plástico. Se estiver com o seu kit de talheres, você não precisará gastar os descartáveis à toa.

# 30. Filtre a água com carvão ativado

Para filtrar a água da torneira da sua casa de um jeito mais ecológico, troque os cartuchos de filtro de plástico por carvão, material que há milênios é usado pelos humanos com essa finalidade. Ele não vai remover todas as impurezas que as marcas líderes de filtro de plástico alegam filtrar, mas vai capturar cloro, sedimentos e compostos orgânicos voláteis indesejados.[16] Além disso, tem melhor custo-benefício, pois a capacidade de filtragem do carvão é mais longa do que a de um cartucho de plástico. No Reino Unido recomendamos a garrafa com filtro de carvão Black + Blum Eau carafe.

Outra ótima alternativa é o filtro de barro com vela de material cerâmico, invenção 100% brasileira e com menos plástico que proporciona água limpa e sem contaminação. A maioria dos modelos modernos também conta com carvão ativado na parte interna.

## 31. Diga "não" aos canudos

Muitas cidades já estão fazendo isso por você, mas, caso more num lugar onde supermercados, restaurantes, bares, etc. ainda oferecem o canudo de plástico, apenas diga "não". Se você não abre mão de beber com canudo ou precisa utilizá-lo por alguma necessidade, pode comprar um só seu, feito de metal ou de vidro, que venha com escovinha para limpeza, e levá-lo para onde for.

## 32. Café sustentável

A maioria das cafeteiras domésticas leva algum tipo de plástico na composição, mas você *pode* reduzir a quantidade de plástico que joga na lixeira por causa delas. As cafeteiras que usam cápsulas não são uma boa opção, ao passo que o pó de café é compostável. Portanto, se está pensando em comprar uma cafeteira, pense na prensa francesa, na cafeteira italiana (de preferência feita de aço inoxidável) ou na cafeteira elétrica comum. Ou simplesmente opte por fazer café coado em coador de pano.

# PELA
## CASA

## 33. Produtos de limpeza caseiros

Existem vários motivos para você tentar fazer seus produtos de limpeza em casa: muitos deles têm na composição ingredientes que você já possui na despensa ou que são mais baratos do que os comprados em lojas; em comparação com produtos químicos pesados, eles são menos nocivos ao meio ambiente e provavelmente ao nosso corpo. E, claro, além de tudo, quando não compra desinfetantes ou coisas do tipo no supermercado, você evita o plástico das embalagens. Sabia que vinagre branco diluído pode ser usado para limpar o banheiro e o chão? E que o puro pode ser usado para limpar privadas e a ducha do chuveiro? E que o bicarbonato de sódio serve para remover sujeiras difíceis? Na internet é possível encontrar vários blogs e vídeos com receitas para dar uma nova serventia a esses produtos – experimente!

## 34. Papelão em vez de plástico

Se você não ficou muito empolgado com a ideia de fazer seus produtos de limpeza, pode tentar trocar alguns dos itens que costuma comprar embalados em plástico por outros com embalagem de papelão, ainda mais se o papelão for de material reciclável. Além disso, fique atento para possíveis mudanças nas embalagens dos produtos: na Europa, por exemplo, a Ecover tem inovado nessa área, inclusive criando uma garrafa feita 50% de plástico reciclado e 50% de plástico retirado do mar (a meta da empresa é usar 100% de plástico reciclado em suas embalagens até 2020), e a Method também usa 100% de plástico reciclado em seus recipientes. No Brasil, em 2018 a OMO lançou uma embalagem de sabão líquido feita com plástico reciclado coletado em nossas praias.

## 35. Compre a embalagem maior

Se precisa mesmo comprar um produto com embalagem de plástico por qualquer motivo – seja um detergente ou um xampu –, compre o tamanho grande. No fim das contas, você vai acabar usando todo o frasco. Em geral, essa alternativa tem melhor custo-benefício, e, ao optar por um produto com embalagem grande em vez de dois pequenos, você adquire menos plástico.

# 36. Xampu e condicionador sólidos

Busque "xampu sem embalagem" na internet e você encontrará várias alternativas aos frascos enormes que tomam conta dos banheiros no mundo todo. A maioria é vendida em forma de barra sólida e pode ser encontrada on-line e em lojas físicas. As barras de xampu costumam ser mais eficazes em áreas com água mole – predominantemente livre de íons cálcio e de íons magnésio –, fazendo mais espuma, mas a boa notícia é que a maioria das empresas fabricantes procura envolver a barra em papelão, e não plástico. Além disso, ela dura mais que o xampu tradicional, logo, embora seja um produto mais caro, possui um custo-benefício melhor.

## 37. Sabonete sólido ou líquido?

Esta dica é simples: substitua o sabonete líquido pelo sólido. Você pode até aproveitar e comprar uma saboneteira bem chique para lavar as mãos em grande estilo.

## 38. O detergente que cresce em árvore

Já ouviu falar em sabão-de-soldado? E na árvore-do-sabão ou saboeiro? A maioria das pessoas não, mas o fato é que há milênios a polpa do fruto dessa árvore vem sendo usada na lavagem de roupas. Ela contém um detergente natural chamado saponina, que é ativado no contato com a água. É possível comprá-la pela internet e você pode usá-la com segurança na máquina de lavar, mas lembre-se de colocá-la dentro de um saquinho de pano antes. Dessa forma, você não só reduz o consumo das embalagens de plástico utilizadas para acondicionar a maioria dos detergentes, como também consome um produto vegano e hipoalergênico.

## 39. Troque de escova de dentes

Quando precisar de uma escova de dentes nova, procure na internet as que são feitas de bambu – elas têm o mesmo preço das de plástico e não são comercializadas em embalagens plásticas (isso vale para a maioria das marcas, mas confira antes de comprar). Além disso, procure saber qual é o material das cerdas e confirme também se são biodegradáveis e livres de plástico.

# 40. A solução para a pasta de dente

Muitas pastas de dente vêm em tubos de plástico. O que fazer nesse caso? Bom, existem várias receitas de creme dental caseiro, mas, se você não está disposto a ir tão longe, pode pesquisar pastas de dente naturais com embalagens recicláveis ou pós-dentais vendidos em potes de vidro.

## 41. Fio dental sem plástico

Se você é daqueles que passa fio dental após cada refeição, talvez esteja preocupado com o que fazer com a caixinha de plástico onde ele vem enrolado – além do fato de que muitos fios dentais são feitos de náilon. É aqui que entra o fio dental de seda. Já há algumas marcas sendo comercializadas pela internet em alguns países, e o produto vem em caixinhas sem plástico e reutilizáveis. Além disso, dependendo da marca, o fio dental pode ser biodegradável e compostável.

## 42. Diga não aos cotonetes

Alguns países estão começando a proibir os cotonetes com haste de plástico. Se você mora em um lugar que ainda não tomou essa iniciativa, evite apoiar a fabricação deles. Caso goste muito de usar cotonete, é possível encontrar alternativas com hastes biodegradáveis na internet e em farmácias.

# 43. Tome menos banho

É sério! Se você não consegue abandonar os xampus e sabonetes líquidos com embalagem de plástico, lembre-se de que, quanto menos usá-los, menos embalagens plásticas consumirá. E, por mais estranho que pareça para algumas culturas, os especialistas dizem que não precisamos tomar banho todos os dias; dependendo do seu tipo de pele, uma ou duas vezes na semana já bastam (se sua pele é seca, é até melhor, pois ao tomar banho eliminamos os óleos naturais do corpo).[17] Mas se você mora em uma região quente (como é o caso da maioria dos brasileiros), pode tentar tomar apenas um banho por dia, antes ou depois do trabalho. Dessa forma, vai ganhar alguns pontinhos extras por economizar água e energia – fora o tempo a mais que terá todas as manhãs para fazer outras coisas.

## 44. Fique cheiroso sem poluir

Desodorante é algo que a maioria das pessoas se sente obrigada (felizmente) a usar. Mas grande parte das embalagens dos roll-ons e aerossóis é feita de plástico e elas podem ser difíceis de reciclar, o que significa que vão acabar parando num aterro sanitário. Mas há alternativas! Desodorantes sólidos e desodorantes em pó estão disponíveis em latas e recipientes de vidro, à venda em lojas físicas e on-line. E se você quiser exercitar a criatividade pode pesquisar na internet receitas de desodorantes caseiros.

## 45. Creme de barbear

Assim como o xampu e o condicionador, existe creme de barbear em forma de sabonete em barra. Se quiser esbanjar, pode até comprar um kit que venha com saboneteira especial de madeira (em geral essas marcas vendem o refil do produto).

## 46. Máquina de lavar inteligente

Como muitas das nossas roupas contêm plástico, às vezes fibras microscópicas podem escapar pela saída de água da máquina de lavar. Dois truques ajudam a evitar isso. Primeiro: encha por completo sua máquina de lavar; dessa forma, vai haver menos espaço para atrito entre as roupas, logo, menos fibras serão removidas das peças. Segundo: use sacos ou bolas de microfibra para lavadora de roupas para coletar as fibras (uma espécie de papa-fiapos), que depois você pode jogar na lixeira, em vez de deixar que desçam pelo ralo.

# 47. Purificador de ar natural

Substitua os purificadores de ar feitos de plástico por flores recém-colhidas, incensos ou velas. Você também pode tentar usar galhinhos de eucalipto no banheiro, pois o vapor do chuveiro ajuda a liberar a fragrância da madeira.

## 48. Hidratante sem plástico

Procure hidratantes comercializados em recipientes de vidro sem rótulo e mude para séruns que vêm em embalagens de vidro. Se você cozinha com óleo de coco, não esqueça que ele também é um hidratante eficaz.

## 49. Maquiagem sem plástico

Grande parte dos produtos de maquiagem é vendida em tubos ou potes plásticos ou necessita de aplicadores de plástico. Cada vez mais empresas têm se dado conta desse problema e estão fazendo o possível para reduzir a quantidade de plástico utilizado, mas por ora fique de olho em marcas de maquiagem que vendem refil (a MAC e a NARS comercializam refil de paletas para sombra, blush, etc.) e pesquise na internet por marcas que já estão vendendo maquiagem em embalagem livre de plástico ou em recipientes reciclados ou recicláveis. Uma dessas empresas é a americana Urb Apothecary, que possibilita comprar o produto sem rótulo. Você também pode seguir blogueiros e youtubers que dão dicas de como adotar o desperdício zero e fazem resenhas de produtos de maquiagem livres de plástico.

# 50. Lencinhos alternativos

Os lencinhos de maquiagem costumam vir em embalagens de plástico, isso sem contar que são descartáveis – se você usa um por dia está mandando 365 por ano para o aterro sanitário. Agora, pense em quantos amigos fazem a mesma coisa, depois em quantos amigos dos seus amigos, etc. Rapidamente você chegará a um número enorme. Portanto, mude para um produto que seja reutilizável. Invista em flanelas de algodão ou, se preferir algo menor ou não quiser comprar muitas, corte as flanelas em pequenos círculos com tamanho parecido com o dos discos de algodão comercializados. Costure uma bainha a alguns milímetros da borda do tecido para evitar que ele desfie ou costure duas flanelas juntas, se precisar de algo mais resistente. Passe no rosto com água morna ou a loção de limpeza de sua preferência.

# 51. Prefira pentes ou escovas de madeira

A maioria das pessoas não compra escova de cabelo com tanta frequência, mas, na próxima vez que perder ou quebrar a sua e precisar de outra, opte por uma escova ou um pente afro de madeira, em vez dos de plástico. As escovas com cerdas feitas de pelo animal costumam receber críticas positivas e negativas – ou amam ou odeiam –, mas você também pode experimentar uma com cerdas de madeira, que é uma boa opção.

# 52. Prendendo seu cabelo

Em geral, você encontra um elástico ou um grampo de cabelo a qualquer momento, menos quando precisa – aí você não encontra de jeito nenhum. Mas é preciso tomar decisões mais conscientes sobre o que usar para prender o cabelo, pois alguns elásticos e prendedores são de plástico (geralmente feitos de um material sintético não reciclável) ou são comercializados dentro de uma embalagem plástica.

A boa notícia é que há alternativas! Algumas marcas fabricam elásticos de diferentes cores feitos de algodão e borracha natural. Ou você pode optar por usar um palito longo de algum material natural, como a madeira; no YouTube, existem inúmeros tutoriais ensinando a usá-lo para fazer penteados firmes e estilosos. Também preste atenção nas presilhas e nos grampos, que às vezes são de plástico ou têm uma esfera de plástico na ponta. Cuide bem dos que você já possui e evite comprar mais desses no futuro.

## 53. Fraldas reutilizáveis

Essa dica não é para os fracos. Você vai lavar MUITAS fraldas (o que, claro, tem seu efeito no meio ambiente). Porém, estima-se que, nos dois primeiros anos de vida, um bebê use mais de 5 mil fraldas descartáveis. Além do impacto ambiental, uma pesquisa mostra que o impacto na sua conta bancária também é alto,[18] e esse dinheiro poderia ser usado para comprar brinquedos (livres de plástico) ou fazer passeios com seu filho. E o fato é que as fraldas reutilizáveis ou ecológicas evoluíram muito desde a época das nossas avós. Para ver as dicas de outros pais com relação a essas fraldas, pesquise blogs e vídeos sobre o assunto.

## 54. Papel higiênico sem plástico

É possível viver sem certas coisas, mas ir ao banheiro não é uma delas. Se você quer ser superecológico pode tentar usar panos reutilizáveis (!), mas isso não é realista: o que a maioria das pessoas quer é usar papel higiênico. O problema é que a maioria dos rolos é vendida em pacotes de plástico; por isso, procure marcas que vendam o produto em embalagens livres de plástico ou com materiais biodegradáveis. É possível encontrar algumas na internet, mas, caso não encontre na região onde mora, ao menos opte pelo pacote com o maior número possível de rolos.

## 55. A volta do palito de fósforo

Quando quer acender uma vela, a churrasqueira ou a lareira, o que você procura? Um isqueiro, que machuca seu polegar? Ou o bom e velho palito de fósforo? Não vamos fingir que os palitos de fósforo não têm um impacto ambiental, mas, para sua informação, a maioria dos isqueiros vendidos hoje em dia é descartável. Só a Bic produz 6 milhões por dia.[19] É muito plástico, e tudo isso vai parar em algum lugar.

# 56. Que lixo!

Tem algumas coisas que você pode fazer para forrar sua lixeira. Primeiro, o ideal é parar de usar sacos plásticos de uma vez por todas – se a sua cidade tem um bom sistema de coleta seletiva, então todos os itens úmidos e fedorentos devem ir para a lixeira de orgânicos (que pode ser forrada com sacos compostáveis feitos de celulose), e seu lixo reciclável pode ser separado de acordo com o tipo de produto e colocado na lixeira adequada sem sacola plástica. Se por algum motivo essa opção não for viável para você, compre, pela internet ou até mesmo em supermercados, sacos de lixo feitos de plástico reciclado. Dessa forma você pelo menos reduz a quantidade de plástico que vai parar no aterro sanitário.

# 57. O poder das flores

A maioria das flores vendidas em supermercado vem embalada em celofane. Para evitar isso, vá a um florista (mas, pelo mesmo motivo, antes procure saber a procedência das flores dele) e só compre se puder levá-las embrulhadas em papel pardo ou em jornal. Evite a fitinha se ela não for de tecido. Como alternativa, se você gosta de encher a casa de perfume e cores, plante suas próprias flores. Procure pelas mais fáceis de cuidar e que crescem rápido depois de cortadas.

## 58. Luvas de borracha

Embora se costume dizer que as luvas de limpeza são feitas de borracha, algumas delas são feitas de plástico ou de um tipo de borracha sintética chamada nitrila. O ideal é comprar luvas 100% látex – desde que você não seja alérgico a esse material. Também é preferível optar por algo durável: se adquirir luvas baratas, elas vão ganhar buracos mais depressa. Se você é de fato alérgico a látex, procure luvas antialérgicas biodegradáveis de nitrila.

## 59. Troque a esponja por tecidos naturais

Sabia que muitas esponjas de limpeza são feitas de plástico? Troque essas e as escovas de plástico por um pano feito de fibra de madeira, que também desempenha bem a função e é mais delicado com os pratos e as panelas. Para a sujeira mais pesada, use buchas vegetais, que são biodegradáveis e compostáveis.

# ESTILO DE VIDA

# 60. Presenteie com um brinquedo que já foi amado

Alemanha, França e Estados Unidos estão entre os países que mais gastam com brinquedos, mas as crianças mais mimadas do mundo são as do Reino Unido:[20] uma criança britânica menor de 9 anos recebe em média 350 libras por ano em brinquedos.[21] Isso é muito dinheiro para um pedaço de plástico moldado, sobretudo se considerarmos que dentro de um ano seu filho provavelmente não se divertirá mais com ele. Então, poupe seu dinheiro e sua lixeira comprando brinquedos usados e procure doar os que seu filho já deixou de lado. Você estará salvando o planeta e fazendo outras crianças felizes 😇.

# 61. Presentes não materiais

Você é uma pessoa generosa e quer presentear um amigo no aniversário ou no Natal, mas é tomado pelo pânico. O que dar de presente e como evitar produtos e embalagens plásticas – e não acabar contribuindo para os bilhões de dólares em presentes descartados que ficam amontoados dentro de casa ou vão parar num aterro sanitário todos os anos?[22] Primeiro, acalme-se: você não precisa carregar toda essa responsabilidade nas costas. Segundo, tenha em mente que há milhares de opções incríveis livres de plástico: leve seu amigo para jantar ou ir ao teatro; presenteie-o com um passeio diferente; compre um título de sócio ou a assinatura de uma revista on-line para ele. Saia do lugar-comum e seja criativo!

# 62. Dê parabéns de um jeito ecológico

Os cartões virtuais não caíram no gosto popular, mas vale a pena sugerir essa alternativa a seus amigos e familiares no lugar dos cartões de papel. Além de evitar gastar o papel do envelope, o do cartão em si e os acabamentos de plástico, você ainda vai poupar bastante dinheiro ao longo dos anos. Mas se adora um cartão físico, pelo menos tente comprá-lo avulso – às vezes o cartão vem junto com o amigo dele, o envelope, dentro de uma embalagem desnecessária de celofane. Por isso, compre apenas os que estão soltos – e se forem de papel reciclável, melhor ainda.

## 63. Nada de papel de presente!

Sabia que, só no Reino Unido, estima-se que 108 milhões de rolos de papel de presente são usados *apenas* na época do Natal?[23] As pessoas pensam que papel de presente é tão fácil de reciclar quanto o papel normal, mas muitos contêm plástico: o brilho deles em geral se deve a um tipo de plástico laminado, e os papéis que cintilam ou refletem luz também costumam ter plástico. O melhor a fazer é embrulhar o presente em algo que a pessoa possa reutilizar, como as sobras de algum material bonito ou até um lenço de tecido. Se não gostar muito dessa ideia, tente reutilizar uma folha de jornal ou embrulhar o presente em papel de presente reciclado ou decorado por você mesmo.

## 64. Fita adesiva

Claro que você pode fechar um presente com um simples pedaço de barbante, mas assim sua tia que adora um suspense na hora de abrir o embrulho não vai achar a menor graça. Por sorte, hoje em dia existem várias marcas biodegradáveis (é só procurar "fita" "adesiva" "biodegradável" na internet). Além de serem produzidas com materiais recicláveis, a cola é feita com substâncias naturais.

## 65. Laço de tecido

A última dica de como embrulhar presentes sem usar plástico é sobre o laço. Sabe aquela coisa cintilante que se enrola em cachos quando você passa a lâmina da tesoura? Ela é feita de um tipo de plástico. Mas se você quer dar um presente com laço, pode sempre optar por usar um que seja de tecido, e o lado bom disso é que a pessoa que receber o presente pode reutilizar o laço depois, quando lhe der um presente.

## 66. Tecidos naturais

Muitas das roupas que usamos hoje em dia são feitas de poliésteres sintéticos que não são biodegradáveis, e também de náilon, que é um termoplástico. Se você pretende ir às compras e quer evitar o plástico, procure adquirir peças de tecidos naturais, como algodão, linho, lã, seda, brim ou couro. Talvez outros princípios éticos e ambientais o proíbam de usar roupas de alguns desses tecidos. Se for o caso, sugerimos que pesquise alternativas a partir dessa lista.

# 67. Inventando moda

Em todo o planeta, consumimos roupas DEMAIS: a estimativa é de que o número chegue a 80 bilhões de peças por ano.[24] O problema é que não só o poliéster sintético (um tipo de plástico) é um dos principais materiais utilizados na confecção das roupas, como são alarmantes a quantidade de energia e água gastas e a emissão de poluentes que resulta da produção e do transporte desses produtos. Por isso, na próxima vez que vir um furo na sua calça jeans, que tal levá-la para a costureira consertar em vez de aposentá-lo? Se já estiver cansado das suas roupas, uma ideia é organizar um bazar com troca de peças entre seus amigos ou colegas de trabalho.

## 68. Vida longa às lojas físicas!

Se você adora fazer compras on-line, procure redescobrir os prazeres de ir às lojas físicas, só para variar um pouco. As lojas virtuais muitas vezes embalam cada item em um saco plástico separado, sem contar o pacote maior onde os produtos são enviados. Isso significa que, quando vai às compras fisicamente, você economiza em embalagens de plástico e até pode recusar alguma delas na hora, optando por levar as compras na sua boa e velha bolsa de tecido.

# 69. Remoção de pelos

Também é possível fazer escolhas para salvar o planeta quando o assunto é remoção de pelos, pois os componentes e as embalagens desses produtos são feitos de plástico. Comprar um removedor de pelos a laser é provavelmente a melhor alternativa, mas isso pode sair muito caro (e talvez um dia você queira deixar os pelos voltarem a crescer). Para áreas pequenas, tente a depilação em casa com linha ou com cera de açúcar. Para fazer a pasta de açúcar, você pode seguir as receitas e instruções do site wikiHow e de blogs sobre cuidados de beleza, que são bastante úteis. Se não quiser tentar, invista em um aparelho de barbear de aço inoxidável (não é tão caro quanto você pensa e também pode ser um ótimo presente livre de plástico!) e evite a todo custo comprar os descartáveis.

## 70. Não fume

Não se preocupe: ninguém está aqui para passar sermão. Afinal, a essa altura todo mundo sabe que o cigarro causa 90% dos casos de câncer de pulmão.[25] (Ops, desculpe... foi sem querer.) Na verdade, nosso foco aqui é o impacto do cigarro no meio ambiente. Os maços são embalados em celofane; o tabaco natural costuma ser comercializado em uma bolsinha plástica, e, além disso, grande parte do filtro do cigarro é feita de um tipo de plástico.

Isso é um problema, porque, mesmo que se trate de um material reciclável, todo ano 6,5 trilhões de cigarros são comprados no mundo todo,[26] e a maioria das guimbas vai parar num aterro sanitário ou é levada pela água da chuva e vai parar no mar, onde aves e peixes as confundem com alimento. Além disso, os filtros também podem acabar se partindo em centenas de partes minúsculas, portanto não é possível removê-los das praias.[27] Como evitar tudo isso? Não fume. Simples assim.

# 71. Glitter ecológico

Foi muito triste quando os foliões de Carnaval descobriram que aquelas coisinhas brilhantes minúsculas que estavam colando no rosto e no corpo todo eram, na verdade, pedacinhos de plástico. Aliás, o mesmo vale para a purpurina que você usava nas aulas de artes na escola. Mas, felizmente, hoje em dia já existe purpurina biodegradável, que pode ser encontrada em lojas tanto virtuais quanto físicas.

## 72. Menstruação sustentável

Os absorventes femininos externos costumam vir em embalagens de plástico, e os absorventes internos, em celofane. E se você usar um aplicador feito de plástico, no fim das contas ele também vai parar num aterro sanitário. Claro que os próprios absorventes são um desperdício por si sós. Além dos efeitos que provocam no meio ambiente, uma pesquisa britânica provou que cada mulher gasta 18 mil libras (ou cerca de 24 mil dólares) ao longo da vida com absorventes.[28] É muito dinheiro! Mas qual é a solução? Você pode testar o coletor menstrual (existem várias marcas disponíveis); tenho certeza de que ficará surpresa com a facilidade do uso. Eles também evitam todo o desperdício e os gastos acumulados. Se você não se empolgou com a ideia, outra alternativa são os absorventes reutilizáveis ou as calcinhas absorventes. Se não consegue parar de usar o absorvente interno, pelo menos escolha os que vêm sem aplicador. Cada pequena atitude já ajuda.

# 73. Vamos falar de sexo

A camisinha é uma invenção incrível: não só evita a gravidez indesejada como protege os usuários de várias doenças sexualmente transmissíveis. Mas se você está numa relação monogâmica, de longa duração e heterossexual, e se você e seu parceiro não têm DSTs mas querem evitar a gravidez, talvez seja melhor testar outros métodos contraceptivos. A cartela de pílulas contém plástico. Até que isso mude, se você tem interesse em alternativas com menos ou nenhum plástico, pode testar a injeção anticoncepcional ou o DIU: busque mais informações com seu clínico geral ou ginecologista.

# 74. Viaje do jeito certo

Para baratear o custo da viagem, muitas pessoas levam apenas a bagagem de mão. Por causa da falta de espaço, ficam tentadas a comprar os produtos em tamanho miniatura. Você sabe bem quais são: os frasquinhos de xampu, de condicionador, etc. Se você usa xampu ou condicionador em barra, está liberado para levá-los na bagagem de mão, mas se ainda não se converteu (veja a página 53), pelo menos invista em um kit de recipientes em tamanho miniatura reutilizáveis e encha-os com o conteúdo dos produtos que mantém em casa. A longo prazo, sairá mais barato. Se vai viajar com amigos, talvez valha a pena fazer uma vaquinha para despachar uma mala com todos os produtos de cuidados pessoais, incluindo seus aparelhos de barbear (veja a página 89 – não caia na tentação de comprar aqueles modelos descartáveis no aeroporto!).

## 75. Use protetor solar

A maioria dos protetores solares vendidos em lojas é comercializada em recipientes de plástico, o que é um incômodo – e, para piorar, algumas das substâncias químicas desses produtos são nocivas à vida marinha. Em maio de 2018, o Havaí se tornou o primeiro lugar do mundo a proibir protetores solares com oxibenzona e octinoxato, porque contribuem para o branqueamento dos corais.[29] Felizmente, já existem marcas que não utilizam essas substâncias, e, além disso, vêm em frascos livres de plástico. Outras opções sustentáveis são os protetores solares sólidos ou orgânicos que você encontra à venda na internet.

## 76. Cuidados com a pele pós-sol

Você ficou tempo demais pegando sol ou pulou a dica da página anterior? Não tem problema, acontece. Como fazer para acalmar a pele sem prejudicar o meio ambiente? Você pode adquirir gel de aloe vera em latas ou potes de vidro pela internet, ou, como alternativa, fabricar a própria loção de calamina, usando, na maior parte, ingredientes caseiros (provavelmente só precisará comprar calamina em pó ou argila em pó de bentonita). Na internet, alguns blogs ensinam receitas fáceis de seguir. Uma alternativa é adquirir produtos em embalagens ecológicas – a Lush, por exemplo, se esforça para usar plástico reciclado em seus produtos, que vêm em potinhos pretos.

## 77. Suplementos do jornal

É domingo, você resolveu passar na banca para comprar o jornal porque quer apoiar a mídia impressa e porque gosta de ser "analógico". Além disso, o papel é reciclável, certo? Você levou o jornal para casa, foi direto procurar os suplementos e precisou abrir um saco de **celofane** para pegá-los. Como assim?! Com toda a educação, mande um e-mail, uma carta ou uma mensagem pelas redes sociais pedindo que a empresa pare com essa prática e, no próximo domingo, compre um jornal que não faça isso.

## 78. Cuidados com os pets

Nós amamos animais de estimação; estima-se que, no mundo todo, 57% das pessoas tenha um pet.[30] Mas, assim como os humanos, os animais utilizam muitos objetos de plástico. Como fazer para diminuir esse volume? Eis algumas dicas: compre tigelas de aço inoxidável para a comida e a água; adquira uma caixa de areia com superfície esmaltada; compre uma pazinha para pegar o cocô do cachorro ou sacos biodegradáveis – e, se puder, faça a compostagem deles –; opte por uma casinha ou gaiola de madeira em vez de uma de plástico; e tente preparar a comida do seu cachorro em vez de comprar ração – você vai se surpreender com a quantidade de livros e blogs sobre o assunto!

# 79. Brinquedos para bichos de estimação

Procure brinquedos feitos de borracha natural, corda, lona ou outros materiais do tipo. Se não conseguir encontrar nada na pet shop perto da sua casa, procure na internet lojas que vendam produtos ecológicos. Muitas empresas também fabricam brinquedos a partir de material reciclado – por exemplo, bolas feitas de pneu de bicicleta.

# 80. Festa infantil sem plástico

Para a comida: ofereça alimentos que possam ser pegos com a mão e levados direto para a boca, evitando talheres de plástico. As crianças até preferem assim. Evite doces e batatas chips que venham em embalagem de plástico – em vez disso, faça bolos ou biscoitos ou apoie a padaria ou doceria local.

Para a decoração: não compre faixas de plástico ou adesivos. Faça você mesmo os enfeites e peça ajuda do(s) seu(s) filho(s) com antecedência, tornando a atividade divertida. Se está sem tempo, compre faixas de papel que possam ser penduradas em barbante e não se deixe enganar por nada muito brilhoso ou reluzente, a não ser que esteja especificado que não contém plástico.

Para os sacos de lembrancinhas: opte pelos que forem feitos de papel ou por sacolinhas baratas de tecido e peça às crianças para as decorarem com canetinhas para tecido. Encha as bolsinhas com brindes que seus filhos gostariam de ganhar (o ideal é que não sejam de plástico).

# 81. Natal sem plástico

Você não precisa de plástico para transformar essa época do ano em uma data mágica. Lembre-se das nossas dicas de presente (páginas 80 e 81) e embrulho (página 83) e tente fazer outras escolhas livres de plástico. Se você já tem uma árvore de Natal de plástico, não a jogue fora, mas se está pensando em comprar uma, não faça isso. Se estiver desesperado para ter uma árvore, compre uma de verdade e plante-a num vaso depois das festas. Evite comprar luzes pisca-pisca – em vez disso, escolha velas (decorar candelabros e velas é um bom passatempo natalino. Mas não os deixe perto da árvore!). Além disso, substitua enfeites e bolinhas de plástico por outros de madeira ou tecido, e guirlandas de plástico por verdadeiras.

## 82. Envelopes

Sério, por que ainda existem envelopes com aquela janelinha de plástico? Todo mundo é capaz de escrever o endereço mais de uma vez (além disso, é difícil dobrar a carta do jeito certo, para a parte do endereço aparecer bem na parte vazada pelo plástico). Também fique longe de envelopes revestidos de plástico bolha e prefira os biodegradáveis ou feitos de materiais recicláveis.

# 83. Abandone a caneta esferográfica

Essa dica é complicada. Algumas pessoas já usam tablets, notebooks ou celulares para registrar tudo, mas há momentos em que é preciso anotar alguma coisa à mão. Afinal, nunca foi dito que "o teclado do computador é mais poderoso que a espada", certo? É pouco provável que o mundo inteiro volte a usar pena e tinta ou adote o lápis reciclável, mas é possível ressuscitar a caneta-tinteiro. A maioria delas é feita de aço inoxidável e conta com um bico plástico, além de precisar de cartuchos de tinta feitos de plástico. Ainda assim, vai gerar menos lixo do que aquelas canetas descartáveis que pegamos aos montes no armário do escritório e depois esquecemos nas salas de reunião. Além do mais, a caneta-tinteiro pode ser um belo presente personalizado para seus parentes quando você estiver sem ideias.

## 84. Jardinagem ecológica

Ser bom em jardinagem às vezes deixa pegadas ecológicas de plástico: muitos adubos e fertilizantes são comercializados em embalagens de plástico; e as plantas, em vasos do mesmo material. Para evitar esse problema, uma saída é cultivar flores e plantas desde a semente, pois é possível encontrar sementes em embalagens de papel. Além disso, algumas plantas também são vendidas em recipientes compostáveis – entre em contato com uma loja de jardinagem e procure saber se eles os utilizam. Se não der para evitar comprar plantas em vasos de plástico, pergunte na loja se pode devolver o vaso para que eles o reutilizem depois. Para a terra, procure um atacadista que entregue em casa em embalagens compostáveis ou busque cooperativas que ofereçam adubo em troca de lixo orgânico.

## 85. Cuide dos seus fones de ouvido

Tratando bem seus fones de ouvido, não será preciso comprar um a toda hora. Já percebeu que quando você compra um celular ele vem com um fone dentro da caixa? Se seus fones antigos estiverem em bom estado, recuse os novos, mantenha-se fiel aos que já tem. Durante as viagens de avião, diga "não" ao que a companhia aérea lhe oferece de graça, embalado em plástico, e continue usando seu fone velho de guerra. Também existem headphones ecológicos, que utilizam plástico reciclado e materiais naturais. Há várias marcas disponíveis na internet.

# 86. Recicle seu celular

Sabia que até 80% do seu aparelho celular pode ser reciclado?[31] Algumas operadoras de celular têm programas de troca de aparelho, portanto procure essa opção quando for comprar um novo (ou seja uma alma generosa e doe o antigo para a caridade). E uma ótima notícia: algumas também contam com um programa de reciclagem. Informe-se!

# 87. Tenha seu próprio óculos 3D

Hoje em dia muitos dos filmes que passam no cinema são em 3D, certo? Por isso, em vez de utilizar o que é oferecido no cinema, compre o seu e cuide bem dele.

## 88. Shows e festivais livres de plástico

Para essa dica, é preciso se planejar um pouco mais do que o costume, mas você pode poupar um dinheiro que pode ser gasto com comidas e bebidas enquanto se diverte. E o melhor é que, ao mesmo tempo, não se sente tão mal com o valor que pagou pelo ingresso.

Primeiro, não fique tentado a comprar as garrafas de água de 2 litros no supermercado (além de tudo, são bem pesadas para carregar) — talvez haja um bebedouro no local; informe-se. De qualquer forma, leve suas garrafas reutilizáveis já cheias. Se o programa é cedo e você gosta de tomar suco de manhã, leve-o em uma garrafa, em vez de comprar em caixinhas de papelão com canudo.

Prepare seus lanches (evite alimentos que derretam) em vez de comprar barrinhas de cereais e sacos de batatas chips. Quando for comprar bebidas ou comidas, lance moda: leve os próprios copos, pratos e talheres — o vendedor vai lhe agradecer por não gastar o material dele e você vai se sentir bem por não encher ainda mais as lixeiras superlotadas.

Se vai se produzir, use purpurina biodegradável (página 92) e outros produtos livres de plástico. Se precisa de roupa impermeável, lembre-se de que muitas delas também são feitas de algum tipo de plástico; casacos encerados são uma boa forma de evitar isso (e você pode reaplicar a cera para manter o tecido à prova d'água por muitos anos), mas, se essa alternativa for pouco prática, compre uma peça de segunda mão no brechó.

Além disso, procure um protetor solar sem embalagem ou substâncias plásticas (página 96). Se você vai a um evento que dure dias e quer investir numa barraca, verifique o material – muita coisa que você nem imagina é feita de plástico ou outros materiais sintéticos, mas é possível encontrar barracas de algodão.

## 89. Seja consciente

Cuide das suas coisas! É tão simples quanto parece. Cuide do seu celular, dos seus fones de ouvido, dos seus prendedores de cabelo, do seu material de escritório. Cuide de cada objeto que você possui e que contém plástico. Quanto melhor cuidar deles, menos vai precisar substituí-los e, consequentemente, menos plástico irá parar num aterro sanitário ou no mar.

# SALVANDO
## O
## MUNDO

A superfície do planeta e os oceanos precisam ser protegidos de outras substâncias e materiais além do plástico, mas também podem ser poupados se diminuirmos essa produção desenfreada de bugigangas. Portanto, aqui vão mais algumas ideias para salvar o mundo.

## 90. Leve seu próprio hashi

Fuja dos hashis descartáveis. Um total de 130 milhões de pauzinhos é fabricado todos os dias – TODOS OS DIAS.[32] Isso equivale a uma quantidade inimaginável de árvores, desmatamento e energia. Então, na próxima vez que for a um restaurante asiático que não ofereça pauzinhos reutilizáveis, não se preocupe em parecer bobo comendo de garfo. Ou então seja realmente descolado e leve seu próprio par de hashis.

## 91. Vida longa ao lenço

Você se lembra da época em que todo mundo tinha um lenço com as próprias iniciais gravadas? Nós também não, mas eles parecem bem comuns nos filmes antigos. Que tal ressuscitá-los? Só nos Estados Unidos, mais de 255 bilhões de lenços de papel são usados todos os anos.[33] Isso representa uma quantidade absurda de recursos e energia gastos em um produto descartável. Além do mais, voltando rapidinho ao assunto do plástico, os lenços costumam ser vendidos em pacotes de plástico, e as caixas de lenços de papel muitas vezes têm revestimento plástico. Viva a revolução do lenço de tecido!

## 92. Não use guardanapos

Assim como os lenços (veja a página anterior), uma grande quantidade de recursos e energia é utilizada na fabricação de guardanapos, e ainda assim parece que eles são distribuídos e descartados de qualquer maneira. Se você não costuma fazer lambança ou não está devorando um cachorro-quente com muito molho, provavelmente pode comer sem guardanapo. Na próxima vez que o garçom levar um guardanapo junto com seu café ou lanche, recuse educadamente – é o que o mundo deseja.

# 93. O bê-á-bá da reciclagem

A verdade é que quase ninguém tem 100% de certeza sobre o que pode e o que não pode ser reciclado e como cada item deve ser preparado para o descarte. O único jeito de descobrir é lendo as instruções no site da empresa que faz o serviço de coleta – lá você certamente encontrará muitas dicas úteis.

Normalmente é possível reciclar garrafas e embalagens plásticas, papelão, papel, vidro, metal, restos de comida e resíduos de jardinagem. As usinas de reciclagem podem ter dificuldade de reciclar tudo isso, então talvez parte do material acabe num aterro sanitário, mas o melhor é sempre fazer sua parte. Se a empresa local de coleta de lixo **não** oferece nenhum dos serviços citados, descubra o motivo. Se conseguir mobilizar a comunidade para ajudar a empresa a oferecê-los, vai se tornar um herói local. Lembre-se também de tirar quaisquer alimentos e bebidas do recipiente que vai mandar para reciclagem, e não deixe de lavá-lo e de amassar caixas e garrafas plásticas. Não esqueça que itens "contaminados" não podem ser reciclados, como, por exemplo, caixas de pizza engorduradas (embora qualquer parte sem gordura seja reciclável).

## 94. Seja digital

Não há nada de errado com passatempos antigos como artes plásticas, jardinagem, corrida ao ar livre, entre outros. Mas, para algumas atividades – como fazer listas, ler artigos, mandar cartões de felicitações (veja a página 82), etc. –, a alternativa digital pode poupar recursos. Sempre que possível, use o celular ou o tablet para evitar a produção de lixo, afinal você pagou caro por eles.

## 95. Reutilize papel

Se você gosta de fazer listas ou seus filhos adoram escrever ou desenhar – ou se quer ignorar a dica da página anterior –, então pelo menos use todo e qualquer pedaço de papel que encontrar pela frente. Crie uma gaveta só de papéis usados – guarde qualquer correspondência indesejada (e o envelope); qualquer material (não confidencial) que você imprima no trabalho e que tenha uma página em branco no meio; o verso da folha com a programação daquela peça horrível que você sofreu para assistir, etc. – e, na próxima vez que precisar de papel, reutilize o que já tem em vez de gastar folhas novas.

## 96. Peça menos embalagens

Quando fizer compras on-line, entre em contato com a empresa e pergunte se podem mandar os produtos com o mínimo de embalagens possível. Muitas delas ficarão felizes em atender ao pedido – afinal, gastarão menos. Se você receber algum produto que tenha uma quantidade absurda de embalagens – uma caixa dentro de uma caixa dentro de uma caixa dentro de uma caixa, por exemplo –, avise ao vendedor que não há necessidade disso (ou, se quiser deixar seu lado passivo-agressivo aflorar um pouco, publique uma foto nas redes sociais; isso costuma fazer o vendedor em questão se sentir mais responsável pelo problema). Seja a mudança que deseja ver nos outros e peça por ela também se possível.

# 97. Pratique o *plogging*, a corrida ecológica

---

Os escandinavos adoram lançar moda, e a nova deles é o *plogging*. *Plogging* é a atividade de recolher o lixo, inclusive o plástico, enquanto pratica uma corrida. Qualquer lixo que não esteja dentro da lixeira ou num aterro tende a parar num bueiro ou num rio, o que significa que, no fim das contas, acaba chegando ao mar. Como se sabe, no oceano Pacífico existe uma ilha flutuante de plástico que tem o triplo do tamanho da França, e não queremos que ela cresça ainda mais. Por isso, na próxima vez que for correr ou caminhar ao ar livre e vir uma garrafa ou um guardanapo no chão, seja aquela pessoa maravilhosa que cata o lixo e o joga no recipiente correto.

## 98. Cuidado com o que joga na privada

As únicas coisas que podem ir parar na privada com segurança são fezes (humanas), urina e papel higiênico (dependendo de onde você more). Em geral as redes de esgoto não conseguem conter ou filtrar substâncias ou toxinas de outra procedência, e o lixo que deveria ter sido colocado na lixeira acaba provocando alagamentos ou sujando praias.[34] Em outras palavras, não jogue camisinhas, cotonetes, absorventes, lenços umedecidos ou qualquer outro tipo de produto de higiene, **a não ser** que a companhia de águas e esgotos da sua cidade diga que é permitido. Certas marcas alegam que seus produtos são descartáveis no vaso sanitário, mas isso nem sempre é verdade. Algumas pessoas também dizem que é possível jogar fezes de animais na privada, mas, a não ser que a companhia de águas e esgotos confirme que é possível, suponha que não é.

## 99. Evite o excesso de descargas

Ao dar descarga, você gasta entre 6 e 13 litros de água.[35] É muita água e energia sendo utilizadas quando se pensa no processo que acontece após a descarga e nas medidas necessárias para que a água que desceu pelo cano volte limpa à sua cisterna. Mas você não precisa dar descarga toda vez que fizer xixi – a urina é praticamente estéril, e são os respingos da descarga que espalham os germes.[36] Portanto, na próxima vez que fizer xixi, deixe-o na privada. Outra vantagem dessa medida é que, assim, se você ouve o barulho da descarga, é porque alguém fez o número dois, então sabe quando é melhor evitar o banheiro.

## 100. Compre menos e coma tudo

Parece que hoje em dia todo mundo é um chef em formação; impossível entrar no Instagram e não ver fotos de pratos coloridos e elaborados como se fossem uma obra de arte. Então, por que tanta comida vai parar no lixo? Só o Reino Unido desperdiça 7,1 milhões de toneladas de alimentos por ano – em termos de danos ao meio ambiente, impedir isso seria o equivalente a tirar 25% dos automóveis das ruas.[37] Então, o que podemos fazer?

Nos últimos anos, têm surgido diversas iniciativas – como a The Real Junk Food Project, no Reino Unido, e o Fruta Feia, em Portugal – que buscam dar um bom destino a alimentos ainda consumíveis que os supermercados jogariam fora (porque estão próximos da data de validade ou porque não estão mais tão bonitos). O The Real Junk Food Project coleta e redistribui os alimentos entre cafeterias e escolas das quais é parceiro, ao passo que o Fruta Feia vende os artigos considerados "feios" por um preço diferenciado. Também existem sites que conectam empresas, indivíduos e instituições de caridade para dar novo destino às sobras de comida.

Além de apoiar (ou até iniciar, por que não?) iniciativas como essas na sua comunidade, você pode fazer sua parte adquirindo apenas os alimentos de que precisa, qualquer que seja a aparência, e evitando todo e qualquer desperdício. Congele o máximo que puder para evitar que sua comida estrague antes de você consumi-la e preste atenção na data de validade na hora em que estiver fazendo compras – se não tiver certeza de que vai consumir a tempo, não compre.

# 101. Pense antes de usar

Aproveite a vida. Não sinta calor, sede ou tédio só porque quer evitar ligar o ar, abrir a torneira ou ver TV. Mas PENSE em quanta energia está consumindo. Se é verão e você está morrendo de calor mas está usando uma blusa quente, troque-a por outra de tecido mais leve antes de ligar o ar-condicionado. Não ferva uma chaleira cheia se você quer tomar só uma xícara de chá. Não use a secadora se você pode deixar as roupas secando no varal, dentro ou fora de casa. Não deixe o chuveiro ligado por cinco minutos antes de entrar debaixo d'água nem esqueça a torneira aberta enquanto escova os dentes. A dica é: use seu valioso bom senso para gastar apenas a energia que precisa. Lembre-se sempre de que a energia tem um valor monetário – quanto menos usar, menos vai pagar.

# REFERÊNCIAS

1. "Single-use plastic bag facts", www.biologicaldiversity.org (acessado em 23/05/2018).
2. "Eight Million Tonnes of Plastic are Going Into The Ocean Each Year", www.iflscience.com (acessado em 23/05/2018).
3. "Turn the tide on plastic", ONU, news.un.org (acessado em 23/05/2018).
4. Simon Levey, "Health of seabirds threatened as 90 per cent swallow plastic", www.imperial.ac.uk (acessado em 23/05/2018).
5. Susan Smillie, "From sea to plate: how plastic got into our fish", www.theguardian.com (acessado em 23/05/2018).
6. "Hard Plastics decompose in oceans, releasing endocrine disruptor BPA", www.acs.org (acessado em 23/05/2018).
7. Uma grande iniciativa do Surfers Against Sewage – saiba mais em www.sas.org.uk/campaign/return-to-offender/.
8. Sandra Laville e Matthew Taylor, "A million bottles a minute", www.theguardian.com (acessado em 25/05/2018).
9. UK Tea & Infusions Association, "Tea Glossary and FAQs", www.tea.co.uk (acessado em 23/05/2018).
10. Em Londres, de acordo com o iZettle. Conforme relatado por Isabella A., "Londoners spend almost £2,500 a year on lunch", www.timeout.com (acessado em 23/05/2018).
11. "What's a juice carton made from", www.revolve-uk.com (acessado em 23/05/2018).
12. Sarah Knapton, "Milk floats and glass bottles make a comeback as shoppers shun plastic", www.telegraph.co.uk (acessado em 23/05/2018).
13. "About chewing gum – chewing gum statistics", www.chewinggumfacts.com (acessado em 23/05/2018).
14. The Aluminum Association, "The Aluminum Can Advantage", www.aluminum.org (acessado em 23/05/2018).
15. No Reino Unido, de acordo com a Recycle Now. Conforme relatado por Rebecca Smithers, "British households fail to recycle a 'staggering' 16m plastic bottles a day", www.theguardian.com (acessado em 23/05/2018).
16. "What is activated charcoal and why is it used in filters", Science.howstuffworks.com (acessado em 23/05/2018).
17. Dermatologistas Joshua Zeichner e Ranella Hirsch em entrevista a Rachel Wilkerson Miller, "How Often You Really Need to Shower (According to Science)", www.buzzfeed.com (acessado em 23/05/2018).

18 Estatísticas do Reino Unido tiradas de www.whatprice.co.uk (acessado em 21/05/2018).
19 Bic, "History", www.flickyourbic.ca/history (acessado em 16/05/2018).
20 Jessica Dillinger, "7 Countries that spend most on toys", www.worldatlas.com (acessado em 16/05/2018).
21 James Rodger, "Revealed: The shocking amount parents are spending on children's toys per year", www.coventrytelegraph.net (acessado em 16/05/2018).
22 No Reino Unido, a cada ano. Global Action Plan, "What can you do with unwanted presents", www.globalactionplan.org.uk (acessado em 21/05/2018).
23 Pesquisa conduzida pela GP Batteries, relatada por Gemma Francis, "Christmas: Brits will throw away 108m rolls of wrapping paper this year", www.independent.co.uk (acessado em 21/05/2018).
24 Jo Confino, "We buy a staggering amount of clothing, and most of it ends up in landfills", www.huffingtonpost.com (acessado em 21/05/2018).
25 "What are the risk factors for lung cancer?", www.cdc.gov (acessado em 21/05/2018).
26 "Global Smoking Statistics", www.verywellmind.com (acessado em 21/05/2018).
27 Hannah Gould, "Why cigarette butts threaten to stub out marine life", www.theguardian.com (acessado em 21/05/2018).
28 Liz Connor, "Did you know women spend £18k on periods in their lifetime", www.standard.co.uk (acessado em 22/05/2018).
29 Will Coldwell, "Hawaii becomes first US state to ban sunscreens harmful to coral reefs", www.theguardian.com (acessado em 22/05/2018).
30 "Most of world owns pets", www.petfoodindustry.com (acessado em 22/05/2018).
31 "What to do with mobile phones", www.recyclenow.com (acessado em 22/05/2018).
32 Chris Davis, "Saving trees one chopstick (level) at a time", www.chinadaily.com.cn (acessado em 21/05/2018).
33 Linda Poppenheimer, "Paper Facial Tissue – History and Environmental Impact", greengroundswell.com (acessado em 23/05/2018).
34 "What to Flush", thinkbeforeyouflush.org (acessado em 23/05/2018).
35 www.home-water-works.org (acessado em 23/05/2018).
36 Rebecca Endicott, "8 Important Reasons you should always 'Let it Mellow' when you pee", www.littlethings.com (acessado em 23/05/2018).
37 www.lovefoodhatewaste.com (acessado em 23/05/2018).